# 我爱中华美食

## 元宵·汤圆、粽子、月饼、茶、北京烤鸭

传统文化圆桌派◎主编

话小屋等◎著　赵光宇等◎绘

CHISO 新疆青少年出版社

**图书在版编目（CIP）数据**

我爱中华美食. 元宵·汤圆、粽子、月饼、茶、北京烤鸭 / 传统文化圆桌派主编；话小屋等著；
赵光宇等绘. -- 乌鲁木齐：新疆青少年出版社，2021.12

ISBN 978-7-5590-8252-7

Ⅰ. ①我… Ⅱ. ①传… ②话… ③赵… Ⅲ. ①饮食—文化—中国—青少年读物 Ⅳ. ① TS971.2-49

中国版本图书馆 CIP 数据核字 (2021) 第 265075 号

# 我爱中华美食
**WO AI ZHONGHUA MEISHI**

元宵·汤圆、粽子、月饼、茶、北京烤鸭 　　　传统文化圆桌派◎主编　话小屋等◎著　赵光宇等◎绘

出 版 人：徐 江
策　　划：许国萍
特约策划：话小屋
责任编辑：刘悦铭
特约编辑：陈 晨 薛 彬
装帧设计：张春艳
美术编辑：张春艳 郭丽伟
法律顾问：王冠华 18699089007

新疆青少年出版社　http://www.qingshao.net

（地址：乌鲁木齐市北京北路 29 号　邮编：830012）

经销：全国新华书店　　　　　　　　印刷：北京博海升彩色印刷有限公司
版次：2021 年 12 月第 1 版　　　　　印次：2021 年 12 月第 1 次印刷
开本：787×1092　1/16　　　　　　　印张：8.5
字数：30 千字　　　　　　　　　　　印数：1-6 000 册
书号：ISBN 978-7-5590-8252-7　　　定价：35.00 元

一日三餐饭，夜寝一张床。
在古代，什么是幸福？
吃得饱、睡得好就是幸福。
"民以食为天"，
日子一天天过去，人们渐渐觉得：
活着，不仅要吃得饱，还要吃得好，
天下唯"美食"与"爱"不可辜负。

世间每一种美食的背后，
都饱含着深情。
一个人在面对美食的时候，
往往也是最幸福的时候，
那是带着满满烟火气和仪式感的美好时光。

美食，从古至今，
在不同的朝代、不同的地域，
有着各自的特色及沿革。
对于古人而言，平时生活简单，
所以，他们有闲暇经常研制各种美食，
来丰富自己的生活。
春节的饺子、正月十五的元宵、
端午的粽子、中秋的月饼……
这些，都是古人的杰作。
在品尝这些杰作的时候，
你是否思考过，
它们起源于何时？
其中又蕴藏着怎样的
历史和文化内涵？

如果说有一种"文化"能品尝，
那就是中国的传统美食文化，
它历史悠久、博大精深，
直接影响日本、蒙古、朝鲜、韩国、泰国、
新加坡等国家，
形成了以中国为代表的东方饮食文化圈。
不仅如此，中国的素食文化、茶文化、
酱醋、面食、药膳、陶瓷餐具等，
还间接影响到欧洲、美洲、非洲、大洋洲……
惠及全世界数十亿人。

热爱美食的中国人，
岂止用文字与图画记录历史，
更用"味道"记录方方面面。

酸甜苦辣、煎炒烹炸，
中国人为这些"嘴上功夫"
融入艺术、审美与民族的性格特征，
使之成为了中华文化的重要组成部分。

许多美食的由来，
都有着美妙的传说，
都折射着历史文化的缩影，
一种美食，一种文化，一种习俗……

饺子，起源于东汉，是医圣张仲景发明的；
面条，最早叫汤饼，已有四千多年的历史；
馒头，传说由三国蜀汉丞相诸葛亮发明；
粽子，春秋时期就已出现，最初用来祭祀
祖先；
……

看似小小的一道传统美食，
不仅能烹出历史文化、人情世事，
还装满了日月乾坤、万古千秋……
我们在品尝传统美食的同时，
也要品尝其中的历史文化。
现在就打开这本能"品尝"的书，
享受其中的"美味"吧！

——传统文化圆桌派

# 目录

# 元宵·汤圆

传统文化圆桌派◎主编

话小屋◎著　凤雏插画◎绘

农历正月十五元宵节，是中国传统节日之一。正月是农历的元月，古人称夜为"宵"，正月十五晚是一年中的第一个月圆之夜，所以人们把正月十五称为"元宵节"。

　　元宵节这天，民间有吃元宵、赏花灯、猜灯谜等习俗，其中必不可少的就是吃元宵了。元宵在有些地方也叫汤圆，寓意着阖家团圆。

　　姥爷是北方人，爱吃"滚"出来的元宵；姥姥是南方人，爱吃"包"出来的汤圆。

　　滚元宵、包汤圆看着简单，做起来却费工夫、磨时间。大年初五迎完财神，姥姥姥爷就开始张罗了，做好的元宵和汤圆除了自己吃，还要送给街坊邻居尝尝鲜。

东方朔

元宵姑娘

## 东方朔

东方朔是汉武帝的文臣，也是西汉时期的著名文学家，著有《答客难》《非有先生论》等名篇。他思维敏捷，谈吐幽默，又被奉为"相声行当的祖师爷"。

做元宵的时候，姥姥讲起了元宵姑娘的故事——

汉武帝时，有个心灵手巧的小宫女叫元宵，她做的汤圆又甜又糯，好吃得不得了。一转眼，元宵姑娘进宫三年了，很想回家看看。

有个大臣叫东方朔，他睿智又有同情心，答应帮元宵这个忙。

几天后，长安街头出现了一个传闻：正月十五上元夜，火神君将问罪长安，放火烧城。

小丸子

小圆子

汉武帝大惊失色，连忙召集大臣们商量对策。

东方朔说："听说火神君爱吃汤圆，不如让元宵姑娘出宫，教全城百姓做汤圆，请火神君高抬贵手。另外，全城张灯结彩，从天上看不就是满城火海吗？"

汉武帝

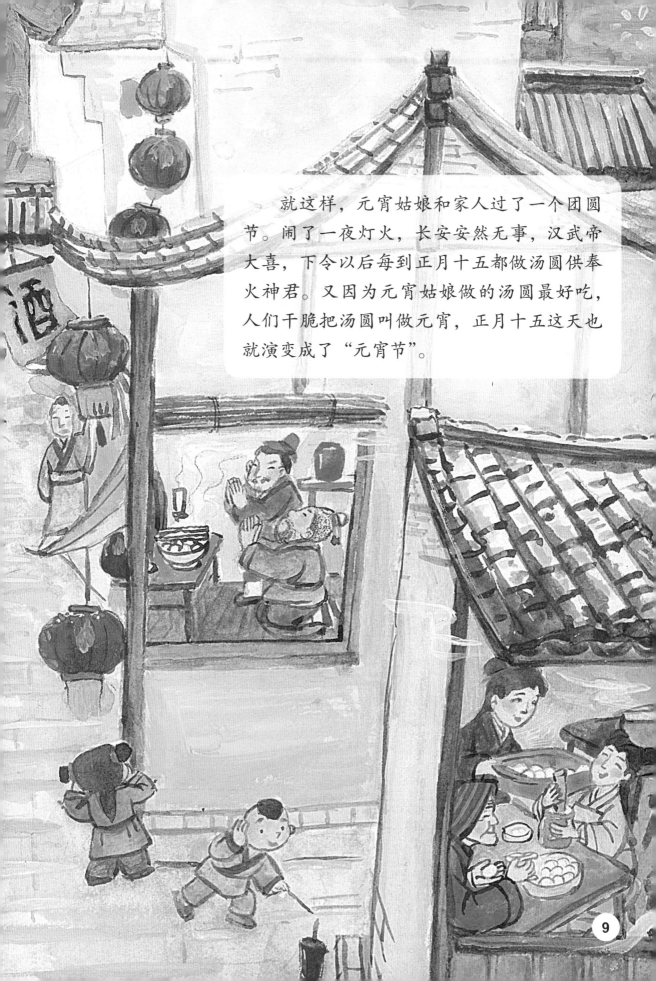

就这样，元宵姑娘和家人过了一个团圆节。闹了一夜灯火，长安安然无事，汉武帝大喜，下令以后每到正月十五都做汤圆供奉火神君。又因为元宵姑娘做的汤圆最好吃，人们干脆把汤圆叫做元宵，正月十五这天也就演变成了"元宵节"。

　　姥姥的故事刚讲完，姥爷乐呵呵地说："小圆子、小丸子，姥爷也给你们讲个元宵节的传说，在这个传说里，汉武帝还没有出生呢！

　　"西汉时期，汉高祖刘邦去世后，吕后独揽朝政，把刘家天下变成了吕氏天下。

"经过一番激烈的争斗，吕氏乱政在正月十五那天被平定。为了纪念这次胜利，汉王朝将正月十五定为普天同庆的元宵节……"

"这些故事说到天黑都说不完！老头子，快去炒芝麻！"姥姥打断了姥爷。

**刘邦和吕后**

公元前202年，刘邦建立西汉，定都长安，史称汉高祖。刘邦的皇后名叫吕雉，人称吕后。

11

姥爷把黑芝麻倒进铁锅，用小火慢慢炒着，厨房里飘出浓浓的芝麻香，小圆子和小丸子馋得口水都要流出来了，巴不得马上吃一口。姥姥戳了一下小丸子的额头，笑眯眯地说："真是一只小馋猫！"

妈妈拿出做元宵馅儿的食材，花花绿绿摆满了一大桌，有红彤彤的山楂糕、金灿灿的桂花酱、晶莹莹的绵白糖，还有色泽鲜亮的青红丝和香脆可口的花生仁。

芝麻炒好了，妈妈把炒好的黑芝麻和着花生仁用擀面杖擀碎，姥姥把山楂糕和青红丝切碎，接着把各样食材混在一起，再淋上桂花酱拌匀，然后搓成一个个小圆球，元宵馅就做好了。

# 滚元宵啦！

1. 把元宵馅裹上一层糯米粉，就变成了元宵宝宝，现在笊（zhào）篱兄弟要带它们去泡个冷水澡。

2. 泡完澡可别着凉，快到糯米粉里滚一滚。

3. 元宵宝宝很淘气，它们喜欢东跑西跑，所以必须朝着一个方向滚。

4. 冷水里泡个澡，笸（pǒ）箩里打个滚，这样反复几次，元宵宝宝就滚成了乒乓球大小的胖娃娃。

滚元宵是力气活儿，姥爷滚了一会儿胳膊就酸了，换爸爸接着滚。

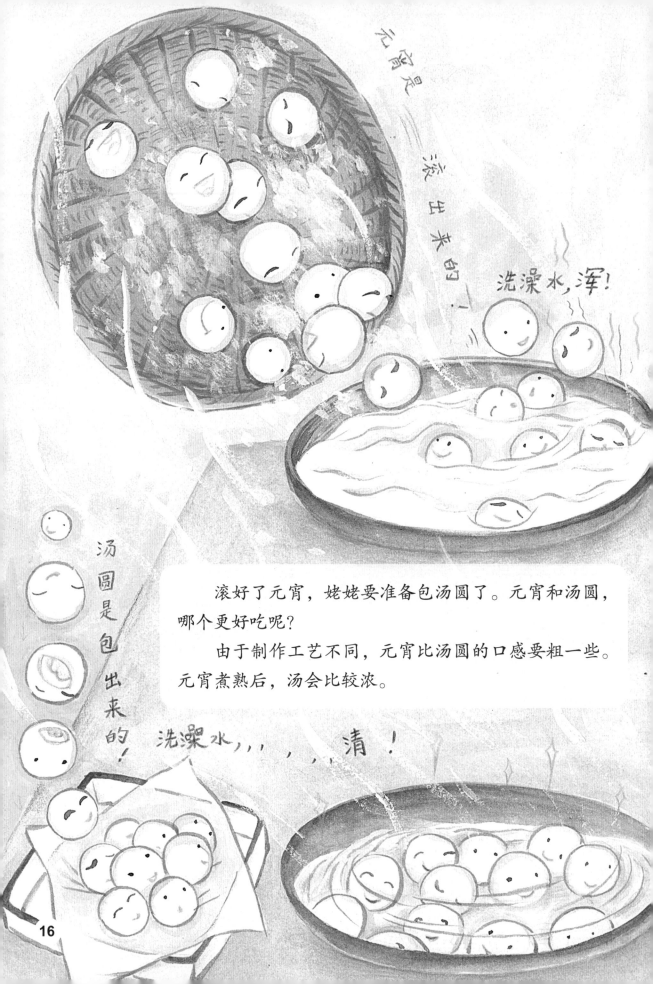

元宵是滚出来的！

洗澡水，浑！

汤圆是包出来的！

洗澡水,,,,,,清！

　　滚好了元宵，姥姥要准备包汤圆了。元宵和汤圆，哪个更好吃呢？

　　由于制作工艺不同，元宵比汤圆的口感要粗一些。元宵煮熟后，汤会比较浓。

**现在，开始包汤圆喽！**

1. 把适量的温水倒入糯米粉中，揉成软硬适中的白面团。

2. 休息 30 分钟后，把面团分成一个个小面球。

3. 把小面球捏成酒盅状，放入馅料。

4. 包呀包，包成球，汤圆就做好了。

汤圆做好后，就可以下锅煮了。今年煮汤圆的任务由小圆子和爸爸接替。爸爸把汤圆宝宝沿着锅边滑下去。小圆子紧盯着锅，不敢离开半步，生怕把汤圆煮烂了。

汤圆宝宝像一群淘气的孩子，它们潜入水底玩了一会儿捉迷藏，又像比赛似的，一个一个浮出水面。

很快，一股扑鼻的香味四处飘散，汤圆煮好了！奶奶也没闲着，早就煮好了一锅姜糖水。

一、二、三、四、五、六，每人一大碗姜糖汤圆！

熟透的汤圆滑溜溜的，就像身上抹了油。小圆子越着急，手上的筷子越不听使唤。

小丸子拿起汤勺，说："姐姐，吃汤圆要用勺子。"说着，他用汤勺轻轻松松舀起一个汤圆，轻轻一咬，甜滋滋的馅儿就流进了嘴里。

小圆子偏要用筷子，经过一番较量，她终于捉住了一个汤圆。

这时，门外传来"噼噼啪啪"的声响，炫丽的烟花在空中次第绽放，有的像菊花，有的像满天星辰。

　　姥爷提来两只花灯笼，一只是用萝卜刻的花鱼灯，另一只是用彩纸做的小兔灯。小圆子和小丸子迫不及待地举着灯笼出了门。

　　打灯笼、放烟花，正月十五闹元宵。大年初五以后淡下去的年味儿，又回来了！

# 各种各样的元宵和汤圆

在古代，元宵叫"浮圆子""汤团"，后来才有了"北元宵、南汤圆"的叫法。

## ●制作方法不同

元宵是"滚"出来的，表皮干燥松软。

汤圆是"包"出来的，表皮光滑黏糯。

此外，南方还有一类没有馅的"汤圆"，是直接用和好的糯米粉团滚成较小的圆球状。

## ●口味不同

元宵的馅偏硬，通常是甜口的，主要有山楂馅、枣泥馅、豆沙馅和黑白芝麻馅等。

汤圆的馅偏软，可甜可咸，可荤可素，既有传统的五仁、豆沙、山楂等馅料，也有粗粮、水果、鲜肉等口味。

北方糯米产量少，元宵从前只能作为正月十五元宵节的专属食品。

而在糯米产量丰富的南方地区，这种食物就较为普遍，人们称它"汤圆"，意思是"热水中的圆子"。

元宵和汤圆，一北一南，二者相互关联，同时也存在明显的差异。

云南豆面汤圆　　酒酿汤圆

## ●烹饪方式不同

元宵的吃法比较丰富，除了清水煮元宵，还有炸元宵、拔丝元宵、烤元宵、蒸元宵。

荠菜鲜肉汤圆

炸元宵

汤圆大多是煮着吃的。千万别尝试炸汤圆，容易爆炸！

## ●储藏方法不同

元宵保质期较短，多放几天或冷冻后就容易开裂，适合随做随吃。

汤圆容易储存，保质期长，可以作为速冻汤圆，以备不时之需。

煮元宵

不论元宵还是汤圆，都包含着阖家团圆幸福的美好寓意。

❶ 在南方，有冬至吃汤圆的习俗，冬至汤圆又叫"冬至团"或"冬至圆"。根据清朝时期的文献记载，江南人用糯米粉做成冬至团，除了摆上冬至的餐桌，还会用来祭祖和走亲访友。

❷ 元宵和汤圆都由糯米制作而成，属于精制主食。吃饭时先吃蔬菜、肉类，再吃元宵和汤圆，有助于延缓淀粉的消化吸收速度，避免血糖升高。

❸ 甜汤圆真甜，咸汤圆真鲜，元宵软又黏！汤圆和元宵虽然好吃，可不能贪多。一次吃太多汤圆或元宵，肠胃负担太重可受不了！

❹ 每一种食物都是大自然的馈赠，元宵和汤圆以糯米、五谷、坚果等为原材料，对人体能起到良好的滋补作用。另一方面，元宵和汤圆黏性大，含糖量高，食用后会促使胃酸分泌增多，胃肠功能不佳的人群应注意减少食用。

# 粽 子

传统文化圆桌派◎主编

丁悦然◎著　赵光宇◎绘

她是姐姐小甜枣，他是弟弟小糯米，他们是孪生姐弟，出生在端午节那天。别人过生日都吃生日蛋糕，他们过生日只想吃粽子。

别看小甜枣和小糯米是在同一天出生的，口味却完全不同：小甜枣喜欢吃甜粽子；小糯米喜欢吃咸粽子。

两个小家伙经常因为粽子争来争去，可是谁也没赢过，每次都被姐姐小叶子叫停。

争着争着，就到了端午节。家家户户都在浸糯米、洗粽叶、包粽子，姥姥家也不例外。

姥姥正在往一盆糯米里拌酱油，小糯米拍着手说："哈哈，姥姥要给我包咸粽子啦！"

小甜枣把嘴巴噘得老高："姥姥偏心！我要吃甜粽子！"

姥姥笑眯眯地说："咸粽子和甜粽子都有。全家人爱吃的粽子，都记在我心里呢。"

爸爸和小甜枣一样，喜欢吃甜粽子；姥姥、妈妈和小糯米一样，喜欢吃咸粽子；小叶子的口味比较特别，她喜欢吃不甜也不咸的白米粽。

姐弟三个最喜欢看姥姥包粽子，他们搬着小板凳挤在了大方桌前。

大方桌上摆满了各种诱人的原料：红枣、花生、莲子、小豆、大栗子、火腿、咸蛋黄，还有一大碗卤肉……桌边齐整地码着碧绿的粽叶、五彩的丝线和一捆马莲草。

两大盆糯米摆在姥姥面前：一盆浸润着各种香料，用来包咸粽子；一盆洁白如雪，用来包甜粽子。

大栗子

花生

莲子

酱油糯米

白糯米

卤肉

红枣

咸蛋黄

小豆

火腿

妈妈把粽叶的根部剪掉，两张两张地递给姥姥。粽叶在姥姥的手中翻飞，转眼就变成了一个有棱有角的粽子，看得三个小家伙眼花缭乱。

妈妈心细，姥姥手巧，两个人配合得十分默契，不一会儿，桌上就堆满了胖乎乎的粽子。

姥姥一边包粽子，一边问孩子们："小叶子、小甜枣、小糯米，你们知道端午节为什么吃粽子吗？"

　　小糯米主意多，反问姥姥："姥姥，粽子的模样真奇怪，不圆也不方，这是为什么呢？"

　　"问得好！这还要从战国七雄说起……"

　　"我知道战国七雄，他们特别爱打架。"小糯米说。

姥姥把手里的粽子扎紧，说："对喽，他们经常打来打去。小糯米比他们乖多了，这些缠着绿色丝线的鲜肉粽呀，都给小糯米！我们端午节吃粽子，是为了纪念伟大的诗人屈原。"

## 屈 原

战国时期，有七个强大的地方政权争雄称霸，分别是齐、楚、燕、韩、赵、魏、秦。有一次秦攻打楚，楚地大夫屈原主张联合其他各地政权抵御秦，可是楚王不听。后来，秦攻破楚，屈原非常心痛，在五月初五端午节那天自投汨罗江。楚地百姓害怕小鱼小虾咬食屈原的身体，就把饭团包成粽子，投进江中喂鱼虾。

人们用粽子祭祀祖先。这时的粽子有两种：一种是用菰（gū）叶（茭白叶）包裹着黍米做成牛角形状的"角黍"；另一种是用竹筒装米密封做成的"筒粽"。

战国时期

楚地百姓把粽子投进江中，纪念屈原。

晋代

"丁零零！"爸爸回来了。

三个小家伙围住爸爸，炫耀地说："爸爸爸爸，你知道吗？我们吃粽子是为了纪念屈原！"

爸爸把自行车支好，说："其实呀，粽子早在屈原之前就有了。"

粽子正式成为端午节时令食品。人们在糯米中添加中药益智仁，做成"益智粽"。益智仁，也叫状元果，南方人经常用它来做凉果和粽子。

**明清**

粽子馅料更加丰富，有红豆、松子仁、红枣、胡桃等馅料。

**元代**

人们放弃菰叶，开始使用箬（ruò）叶和芦苇叶来包粽子。

在粽子里放果品，称为"蜜饯粽"。北宋文学家苏东坡曾写下"时于粽里见杨梅"的诗句。

**宋代**

**唐代**

端午节成为全国性节日，粽子也出现了很多新品种，最著名的是"九子粽"。女儿出嫁时，母亲赠送"九子粽"，寓意多子多福。九子粽就是把九只小粽子连成一串，扎上九种颜色的丝线，非常好看。

这时，姥姥说："小叶子、小甜枣、小糯米，快来帮忙！姥姥教你们包粽子。"

姐弟三个早就在一旁看得手痒痒，高兴地学了起来。

# 包粽子喽！

1. 把两片粽叶错落叠放在一起，卷成一个漏斗形状。

2. 往"漏斗"里放少许糯米，再放入几颗红枣。

3. 用一些糯米把馅料覆盖住，注意不要填得太满。

4. 再用多出来的粽叶，左折折、右折折，把整个粽子包裹严密。

5. 用马莲草把粽子绑得结结实实的，一个粽子就包好了。

粽子包好啦，可以上锅蒸了。火苗
吱吱地舔着锅底，三个小家伙总想去掀
开锅盖看一看，却被姥姥一次又一次拦
了下来。姥姥一会儿掏出几个红枣，一
会儿又变出一碗绿豆汤，让小家伙们再
耐心等一会儿。

过了许久，粽子的清香缓缓地从蒸锅里飘了出来，钻进鼻孔里，也钻进嘴巴里。小糯米再也忍不住了，伸手要拿一个，小叶子连忙拽住他："小心烫！"

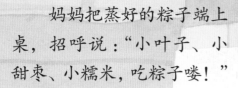

妈妈把蒸好的粽子端上桌，招呼说："小叶子、小甜枣、小糯米，吃粽子喽！"

这下，小甜枣和小糯米傻了眼：粽子们裹着厚厚的粽叶，谁知道里头究竟藏了啥花样，谁知道口味是咸还是甜？

火腿粽子

小豆粽子

鲜肉粽

小叶子"噗嗤"一笑，说："红色丝线的，是爸爸爱吃的小豆粽子；黄色丝线的，是妈妈爱吃的蛋黄粽子；蓝色丝线的，是姥姥爱吃的火腿粽子；绿色丝线的，是小糯米爱吃的鲜肉粽；紫色丝线的，是我最爱吃的白米粽！"

"咦，我的红枣粽子呢？"
小甜枣吸着鼻子闻闻这个，不像；再看看那个，也不像。

"来来来，我们小甜枣爱吃的红枣粽子在这儿呢！"姥姥把两个粽子放到小甜枣的碗里。

想起来啦，红枣粽子系着马莲草呢！

白米粽

蛋黄粽子

　　小糯米最心急，他用牙齿把丝线咬开，对一只鲜肉粽发起了进攻，卤肉、香菇、栗子混在糯米间，整个肉粽泛着一种淡琥珀色，闻着香喷喷！

　　小叶子就斯文多了，她拿起一只白米粽，在白糖里滚一滚，糯米混着白糖粒在牙齿间嘎吱作响。

　　小甜枣像个美食家，她细细打量着红枣粽子，像欣赏一件艺术品，然后用小尖牙轻轻咬了一口——糯米香、粽叶香和红枣的甜香混合在一起，味道美滋滋！

　　不管是咸粽子还是甜粽子，姥姥包的粽子都好吃，比生日蛋糕还好吃！

这时，姥姥取来三个散发着浓浓药香的香荷包，上面用五彩丝线绣着漂亮的图案。

她把香包分给三个孩子，说："这个牡丹香包给小叶子，这个荷花香包给小甜枣，这个老虎香包给小糯米。这香包里面装着菖蒲、艾叶、白芷等中草药，可以驱虫醒脑。"

"谢谢姥姥！"姐弟三个高兴地接过香包，放在鼻子底下起劲闻着，生怕那香味跑远了。

## 香荷包

香荷包用彩色的丝线和碎布缝成，里面装着艾叶等中草药香料。端午时节，很多人都喜欢佩戴香包。香包不仅有精巧的外观，据说还能驱蚊提神，防病健身。

47

"咚咚咚！咚咚咚！"外面锣鼓震天，还不时传来"嘿哟、嘿哟"的呐喊声，原来今天有龙舟比赛！姐弟三个赶紧把香包挂在身上，往湖边跑去，临出家门时还没忘带几只粽子。

水面上，三条龙舟一字排开，锣鼓声一响，桨手们奋力划桨，三条龙舟就像三支离弦的箭冲了出去。

三个小家伙学着大人的模样，一边把粽子扔进水里，一边念念有词："鱼儿鱼儿，你吃粽子吧！不要咬屈原大夫的身体！我姥姥包的粽子可好吃了！"

## 赛 龙 舟

赛龙舟是端午节的一项重要活动。传说，我国古代伟大的浪漫主义诗人屈原跳江后，许多百姓划着船、你追我赶地想救他，可是一直追到了洞庭湖，也没有找到屈原的影子。后来，人们就在端午节这天赛龙舟来纪念他。

# 各种各样的粽子

粽子有各种形状的，常见的有三角形、四角形、方形、长形、枕头形等。

### 三角粽

造型经典而常见，相传已有一千多年历史。

### 四角粽

分为南北两派：南方四角粽体积较大；北方四角粽是斜四角，体积略小。

### 竹筒粽

用当年新竹做竹筒装入糯米等食材做成的粽子，吃起来有淡淡的竹香。

### 枕头粽

体型庞大，形状像枕头，粽子中的"巨无霸"。

### 锥形粽

最古老的粽子造型，尖尖的像牛角，古代叫"角黍"。

粽子的口味就更丰富啦，简单地说有咸粽子和甜粽子。

咸粽子品种可多了，有烧肉的、排骨的、火腿的、蛋黄的……

甜粽子的品种也不少，主要有红枣粽、小豆粽和八宝粽。

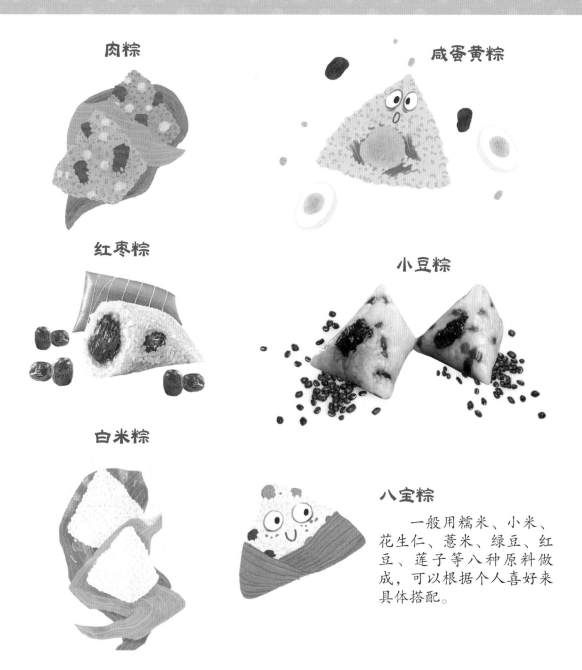

肉粽

咸蛋黄粽

红枣粽

小豆粽

白米粽

八宝粽

一般用糯米、小米、花生仁、薏米、绿豆、红豆、莲子等八种原料做成，可以根据个人喜好来具体搭配。

# 小贴士

❶粽子美味鲜香，但热量较高，一次不宜吃太多。

❷粽子要趁热吃，不宜冷吃。肉粽、咸蛋黄粽油脂含量高，更不宜冷吃。

❸粽子煮熟后应尽快吃掉，以免变质。

❹粽子黏度高，应尽量放在白天吃，晚上吃粽子，肠胃难消化。

# 月 饼

传统文化圆桌派◎主编

未小西◎著　王煜◎绘

轰隆隆，轰隆隆，月饼工厂里机器轰鸣。香喷喷的莲蓉馅料经过传送带时，工人师傅的巧手快速加入两颗油汪汪的咸蛋黄。接着，馅料被包进面团里，压上漂亮的花纹，双黄莲蓉月饼二旦就这样诞生了。

　　月饼从成型到出厂还要经历一个漫长的过程。二旦和小伙伴们穿过炙热的高温隧道，迎面而来的热浪让它们一下变成了小麦色。

　　身上的余温刚刚散去，又不知从哪儿冒出一把毛刷子，挠得二旦痒痒的，直到把它刷满蛋液。最后，二旦来到生产线的末端——烤箱，它伸了个懒腰，很快进入了梦乡。

　　过了不知多久，叽叽喳喳的声音把二旦从睡梦中吵醒了。二旦揉揉眼睛，又惊又喜——自己变成了好看的金黄色！再看看四周，躺满了月饼伙伴，它们有的白酥酥，有的黄润润。

　　"我是甜的，我想遇见一个甜美可爱的小朋友。"说话的是豆沙月饼，它的声音真甜美。

　　鲜花月饼像个优雅的芭蕾舞演员，它转了个圈，说："我想遇见一位爱花的小姐姐。"

鲜花月饼

豆沙月饼

五仁月饼

五仁月饼是月饼家族的老族长，它慢悠悠地说："要是能遇到一位爱讲故事的老奶奶就好了，我想打听一下我爷爷的爷爷的……爷爷的故事。"

　　忽然，一个大嗓门劈头问："嘿，新来的，你是甜的还是咸的？"这是咸中带甜的云腿月饼，它说话像打雷一样。

　　"我、我……"二旦涨红了脸，结结巴巴说不出话来。

云腿月饼

双黄莲蓉月饼二旦

57

"我是甜的还是咸的？我会遇到什么人呢？"二旦心里嘀咕着。

还没等它回过神来，工人们七手八脚地把它装进了一个漂亮的包装盒。

二旦忽然感到很不安："我这是要去哪儿呀？"

见多识广的五仁月饼说："二旦，你们被'订购'了！"

真是虚惊一场！二旦和小伙伴们高高兴兴踏上了旅途，高低起伏的汽笛声在它们耳边呼啸而过。

这段旅程好长好长啊，长到二旦又忍不住睡着了……

再见！

二旦做了一个香甜的梦，直到被一阵说话声吵醒。

"马小艾，你的快递！"

"哎！"一个女孩用清脆的声音回应，"谢谢叔叔！"

接着，一双小手把快递盒接了过去，两只欢快的脚丫带着它跑进了院子。

这时，一个小男孩问："姐，谁寄来的？"

"肯定是爸爸妈妈！"女孩兴奋地回答。

"里面装的什么？快拆开看看！"小男孩急切地提议。

两双灵巧的小手窸窸窣窣拆开了快递盒。

二旦眼前一亮,探出脑袋打量着四周:这里比月饼工厂还漂亮!

可是，还没等二旦看清院子的模样，盒子又被盖上，一阵风似的带到了一间屋子。屋里有灶，有锅，还有个头发雪白、正在擀面的老奶奶。

　　"这是厨房吧？"二旦心里嘀咕着。

　　姐姐抱着盒子凑到奶奶跟前，弟弟喜滋滋地喊："奶奶奶奶，爸爸妈妈寄来的月饼！"

　　"快去洗手，洗完就可以吃月饼喽！"奶奶笑眯眯地说。

盒子里整整齐齐地装着九块月饼，还躺着一封信。

"奶奶，这儿有封信呢，我给您念念。"女孩展开信念了起来，"妈妈、小艾、小杰，中秋节快乐！想你们。"

"爸爸妈妈不回来,我一点也不快乐!"小杰噘起嘴,把月饼盒推到了一边。

这一下差点把二旦震碎,它在盒子里小声嘟囔着:"就是,就是,八月十五是团圆的日子呀!"

一双软软的小手摸了摸小杰的脑袋："小弟，快尝尝，这是你最爱吃的枣泥月饼！"

小杰破涕为笑，咬了一口月饼说："真甜啊！姐姐，你也尝尝。"

"真是两只小馋猫！"奶奶笑眯眯地说，"吃完月饼，咱们做个大月饼寄给爸爸妈妈。"

"好呀好呀，妈妈最爱吃奶奶做的月饼了！"小艾拍着手说。

祖孙三个吃着月饼，有说有笑，双黄莲蓉月饼二旦也跟着开心起来。

一转眼，三块月饼下了肚。吃完月饼，祖孙三个把手洗得干干净净。

开始做月饼喽！

1. 做桂花糖：把核桃、榛子、花生、瓜子炒熟，撒点芝麻，再拌上甜滋滋的桂花酱……尝一口，赛过蜜！

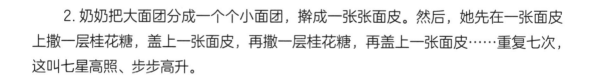

2. 奶奶把大面团分成一个个小面团，擀成一张张面皮。然后，她先在一张面皮上撒一层桂花糖，盖上一张面皮，再撒一层桂花糖，再盖上一张面皮……重复七次，这叫七星高照、步步高升。

3. 奶奶把七张面皮小心翼翼地捏在一起，捏出精巧的花边，看起来就像一朵朵绽放的桂花。

4. 小艾用筷子蘸一蘸红米汁，往月饼上点几个红点，寓意鸿运当头。小杰又放上一颗红枣，这叫团团圆圆、蒸蒸日上。

5. 哈，超级棒的大月饼进蒸锅喽！寻常的月饼，都是进烤箱烘烤；奶奶做的月饼与众不同，要上屉蒸。

　　蒸熟的桂花月饼，少了些寻常月饼的油腻，多了几分
清甜可口。小艾和小杰使劲咽了咽口水。

　　双黄莲蓉月饼二旦却看傻了眼：这个大块头，也是月
饼家族的成员吗？

　　"它呀，是月饼家族的老祖宗，就是月饼的爷爷的爷
爷……的爷爷。"奶奶仿佛猜到了二旦的心思。

　　双黄莲蓉月饼二旦惊叫起来："啊，那不就是五仁月饼想要打听的！"

　　奶奶接着说："这要从嫦娥奔月说起。嫦娥原本是后羿的妻子。有一天，后羿得到一颗不老仙丹，可它却落到了坏人手里。情急之下，嫦娥吞下仙丹，飞上月宫。月亮圆圆的，就像嫦娥爱吃的桂花糖饼，从那以后人们就给桂花糖饼取名月饼。"

月亮挂在高高的天空上，不时还有些阴影晃动。

小杰望着月亮，好奇地问："嫦娥和后羿，后来还能见面吗？"

"八月十五那天，嫦娥看到桂花月饼，就从月亮里飞下来和后羿团聚了。"奶奶笑眯眯地说。

"那后来呢？嫦娥有没有再回到月亮上？"小艾问。

"这里有好吃的双黄莲蓉月饼，有奶奶做的桂花月饼，她才不愿意回去呢！"小杰说。

小杰的话把大家逗笑了，双黄莲蓉月饼二旦也跟着傻笑起来。

香甜的桂花月饼寄出去了，真盼着八月十五快点到呀！

八月十五到了，这天的月亮那么圆，那么亮。皎洁的月光洒在院子里，像一层温柔的轻纱，披在祖孙三人身上。

"奶奶奶奶，月亮在对我们笑呢！"小艾看着月亮，好像看到了爸爸妈妈的笑脸。

"我也看见了！"小杰咬一口月饼，开心地说。

双黄莲蓉月饼二旦抬头往天上瞧。嘿，月亮圆圆的，像一个大大的月饼挂在天上！

其实，所有月饼都有一个共同的愿望，那就是——祝愿家家户户阖家团圆！

# 各种各样的月饼

月饼是中秋节的必备食品，外形好像天上的月亮，寓意"阖家团圆"。吃着香甜的月饼，思念着远方的亲人，是中秋时节最动人的场景。

中秋节吃月饼的习俗据说始于唐朝，北宋时在宫廷里流行，后来流传到民间，月饼俗称"月团""小饼"。

月饼品种繁多，按口味分，有甜味、咸味、咸甜味、麻辣味；从馅料讲，常见的有五仁馅、莲蓉馅、蛋黄馅、枣泥馅等；按饼皮分，有浆皮、混糖皮、酥皮三大类；按地域分，则有苏式、京式、广式、潮式四大流派。

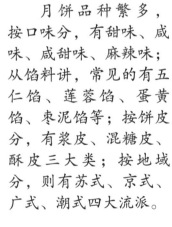

苏式月饼可以说是月饼界的鼻祖，外皮酥松，层层叠叠，一口下去酥得掉渣，有豆沙、玫瑰、百果、鲜肉等多个品种。

京式月饼流行于北方，代表性的品种如"自来红"和"自来白"：一个金黄如麦芽；一个洁净似白雪。口感上，"自来红"吃起来冰糖爽口，青红丝微甜；"自来白"入口满是桂花和山楂的清香。

广式月饼是近些年的主流，特点是皮薄馅儿大，口感细软。在花样百出的广式月饼中，最为经典的莫过于双黄莲蓉月饼，入口莲香浓郁，幼滑清新。

潮式月饼流行于广东潮汕地区，属酥皮类饼食，主要品种有绿豆沙月饼和乌豆沙月饼等，特点是皮薄酥、馅香甜。

# 小贴士

❶月饼口感甜香绵软，寓意阖家团圆，是倍受欢迎的传统节令美食。需要注意的是，月饼含有较多的糖分和油脂，属于高热量食品。一个中等大小的月饼，包含的热量相当于两碗米饭。所以，月饼虽然美味，但要注意别一次吃太多。

❷无糖月饼并非真的无糖，只是用果糖或甜味剂替代了蔗糖。月饼的外皮和馅料，都会在人体内转化成葡萄糖。所以，血糖或血脂较高的人群应注意控制食用量。

❸晚上人体活动减少，胃肠蠕动较慢，应尽量少吃或不吃月饼，以免增加肠胃负担，引起消化不良。

❹吃月饼前要检查保质期，并打开闻一闻是否有异味，如有异味千万不要食用。月饼吃多了会让人觉得有些腻，可以配上茶饮来吃，有助于消化吸收。

# 茶

传统文化圆桌派◎主编

史小杏◎著　山树◎绘

在一条很老很老的街上，有一家小茶馆。茶馆的老板是一位笑眯眯的老头，他鼻梁上架着一副小眼镜，胖墩墩的肚子像把大茶壶——他，就是阿宝的姥爷。

茶馆小而精致，左手边是柜台，青、绿、红、白、黑、花茶等一应俱全；右手边摆着长桌与方桌，长凳与小凳。这里卖茶，也提供免费茶水，还有姥姥炒的花生和瓜子。

姥爷喜欢以茶会友，每天都会沏上三大壶茶——红茶、绿茶、花茶，有时还会掐几朵新鲜的茉莉花放里面。桌上，一溜儿茶碗排开，谁渴了自己倒就是了。

二爷爷是茶馆的常客，他遛完鸟，准来喝杯花茶歇歇脚，不把中华上下五千年神侃一遍绝不罢休。

有人打趣二爷爷："老爷子，什么物件到您嘴里都能说段老黄历出来，今天给大家伙儿说说眼前这杯花茶吧。"

阿宝喜欢听故事，看到二爷爷旁边的竹椅上没人，就想坐下去，姥爷赶紧拉住她，小声说："这里有人了。茶客把茶托放在椅子上，表示他有事暂时离开……"真有趣，一个小动作还有潜台词呢。

老黄历是一种古老的历法，相传由轩辕黄帝创制，是古代帝王遵循的行为规范。

老黄历里包括了天文气象、时令季节、农业生产指导等方面的内容。

　　二爷爷呷了一口茶水，不紧不慢地说："这花茶相传是一位叫陈古秋的茶商创制的，他是怎么想到把茉莉花加到茶叶中去呢？说来话长……

　　"陈古秋是个大善人，有一次他去南方采购茶叶，在客栈遇到一个乞讨的少女。陈古秋看少女可怜，就送了她一些银子。过了三年，陈古秋又去南方购茶，客栈老板奉上一小包茶叶，说是三年前的少女嘱咐他转交的。

"那茶叶看着不起眼，谁知竟是世间珍品：冲泡时，碗盖一打开，先是异香扑鼻，接着在冉冉升起的热气中，一位手捧茉莉花的少女浮现出来。

"陈古秋觉得，这是茶仙在提示他茉莉花可以入茶。从那以后，世上就有了这芬芳诱人的茉莉花茶。"

要是有贵客来访，姥爷会好好泡上一壶工夫茶。

姥姥烧开一壶山泉水，姥爷把泡工夫茶的家伙什摆开一溜儿，常用的有茶盘、紫砂壶、茶杯、茶宠、公道杯、茶叶、茶匙、茶夹、茶洗……如果泡茶饼，还会用到茶刀。差点忘了，还有姥姥亲手做的茶食。

**工夫茶讲究审茶、观茶和品茶。**

**审茶**：在茶叶冲泡前，看一看，闻一闻。

**观茶**：把茶投入壶中，注入热水，茶叶在水中打几个滚后，与水融为一体，呈现出赏心悦目的形色状态。

**品茶**：先嗅茶香，再品茶汤。茶叶经过冲泡后，香味从水中散溢出来，轻轻抿一口，有点微苦，经过喉咙时变成了甘甜。

阿宝看姥爷他们喝茶眼馋，忍不住抿了一口，却觉得有说不出的苦涩，连连说："太苦了太苦了，比药还苦！"惹得茶友们哈哈大笑。

狮峰山龙井

武夷山大红袍

太姥山白茶

洞庭山碧螺春

黄山毛峰

88

看着姥爷摆弄那些宝贝茶具，阿宝歪着脑袋问："什么茶最好喝？"

姥爷说："茶山的茶最香最好喝。"

阿宝一头雾水："我只知道名山出好茶。"

姥爷喝一口茶，润了润嗓子，说："阿宝懂得还挺多，那你给姥爷说说看都有哪些名山好茶！"

阿宝清了清嗓子说："武夷山大红袍，庐山云雾茶，狮峰山龙井，太姥山白茶，黄山毛峰，洞庭山碧螺春……"

姥爷连连点头："说得好，名山出好茶。不过，这些茶跟咱们老家茶山的茶比，还是差点意思。"

茶山是姥爷的老家。阿宝在北京出生，在北京长大，经常听姥爷说起茶山，却从来没去过。

阿宝对茶山充满了好奇，说："姥爷，等春天咱们去茶山吧？"

"好啊！"姥爷高兴极了，"姥爷带你做茶去！"

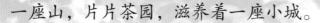

一座山，片片茶园，滋养着一座小城。

不知走了多久，阿宝忽然闻到一股甜甜的香味，是桂花！抬起头，一棵好大的桂花树就在眼前，一座小亭子藏在树后。

姥爷说："那是茶亭，给人们歇脚的地方。"

送水的老伯听见声音迎过来招呼："老伙计，你可回来啦！"

"叫水伯伯！"姥爷轻轻推了阿宝一下。

阿宝皱着眉头说："叫水伯伯没问题，但是我可不想喝茶，苦苦苦！"

姥爷毫不见外，连喝了三大碗，直夸水好茶也好。

茶 亭

唐·李商隐

静得尘埃外，
茶芳小华山。
此亭真寂寞，
世路少人闲。

茶 亭

　　茶亭提供免费茶水，是行人避风躲雨、解渴歇脚的地方，也是至亲好友送别之处。每座老茶亭都有一段故事，例如三国时期，鲁肃请关羽过江喝茶，关羽单刀赴会临江亭，便是老少皆知的佳话。

　　晚上，姥爷亲自下厨，做了一桌家乡菜，水伯伯还送来了几只大肉粽……阿宝不知不觉吃了很多。等反应过来，才觉得肚子撑得难受。

　　姥爷见阿宝脸色难看，连忙招呼姥姥拿些"老茶婆"来。

　　阿宝捂着嘴把头摇："我不吃，我不吃，我不吃树叶！"

　　姥姥说："这可不是树叶，是能治病的茶。"

 **是谁发现了茶？**

　　上古时期，人们缺医少药。有个部落首领神农氏决心尝遍百草，找出那些能用来治病的草药。他发现一种植物的叶子吃了以后五脏六腑都很清爽，给它取名叫"茶"。

**1. 汉代以前：** 茶叶是被当作一种蔬菜来食用的。

姥姥给阿宝讲了神农氏发现茶的故事，阿宝问："神农氏找到的茶，就是我们现在喝的茶吗？"

姥爷笑眯眯地说："姥姥讲的是传说。在古代的传说中，茶叶是这样发现的，实际上，人们饮茶的方式却经历了几千年的演变。"

**2. 汉代：** 茶成为待客的饮品，与酒的地位相当。

**3. 唐代：** 流行煎茶法。陆羽撰写了世界上第一部茶学专著《茶经》，把喝茶变成一门艺术。当时的人们在煎茶时会加入红枣、薄荷和盐调味。

**4. 宋代：**制茶方式出现改变，茶叶多被制成团茶、饼茶，同时也出现了用蒸青法制作的散茶。当时的文人墨客常常以斗茶为乐趣，盛行"点茶"，简单地说就是在茶汤上作画。

**5. 明代：**饮茶方式由煎煮逐渐演变成泡饮，茶叶贸易发达。

**6. 现在：**茶成为人们日常生活中不可缺少的饮品，茶叶形态以散茶为主，还有茶饼、茶砖等。

姥爷捏起几片老茶婆，说："这茶山的老茶婆比药还灵，嚼碎咽下去，一会儿就舒坦了。"

阿宝硬着头皮嚼了几片，随着沙沙的响声，细嚼慢咽之间，茶叶的清香充满了整个肺腑，肚子也没那么难受了。

姥姥和姥爷笑眯眯地说："没事了，没事了。"

阿宝对茶山产生了一种莫名的敬畏之情。

## 茶叶小传

最早，茶叶是邦国大典中的重要祭品。春秋后期，人们用茶叶制作美食。西汉时，人们发现了茶叶消食解渴的保健作用，把它作为宫廷高级饮料。西晋后，茶叶种植面积不断扩大，喝茶开始在民间流行。

茶宠　　紫砂壶　　公道杯

茶盘

茶匙

第二天一大早，阿宝背着背篓，跟着姥姥和姥爷去了茶山。

绿油油的茶山爬过溪畔，爬过金色的油菜花田，一直爬到天边，怎么也望不到头。忙碌的采茶女点缀在茶树间。放眼望去，漫山全是绿色，绿得青翠，绿得醉人。姥爷不时停下来，清理清理茶树周围的杂草。

阿宝觉得采茶也没那么难，见到叶子就拔。姥爷忙说："阿宝，你这样会伤到茶树的！"

阿宝的脸上瞬间泛起了红晕。

姥姥笑着说："这些茶树呀，都是你姥爷的宝贝。采茶的时候，不能用指甲掐，要用巧劲儿往上提。清明节前采摘的茶，要采顶芽和芽旁的第一片叶子，这叫一心一叶。"

### 采茶小学问

制作不同的茶，采摘部位也不同：

采顶芽和芽旁的第一片叶子，叫一心一叶，多用来制作特级茶叶；

采顶芽和芽旁的两片叶，叫一心二叶，多用来制作品质较高的茶叶；

一芽三叶及三叶以上则是用来制作普通茶叶。不过，著名的水仙岩茶是个例外，用的也是一芽三叶。

茶山有"女采茶，男炒茶"的习俗：妇女们心灵手巧，总是能找到最适合制作茶叶的嫩叶；男人们身强力壮，手上有劲，靠手上功夫熟练炒制。茶农人家的生活，在清香四溢中忙碌着。

采茶

挑茶

炒茶

摇青

品茶

坐在醉人的茶山中，品味了从一片树叶到茶的过程，阿宝也觉得茶山的茶是世界上最香最好喝的茶。

揉捻

# 各种各样的茶

中国是茶的故乡，茶叶种类十分丰富。

按照茶叶的颜色和外形，我们可以把茶叶分为六大类，分别是绿茶、青茶、白茶、黄茶、红茶和黑茶。

**绿茶**

　　绿茶没有经过发酵工序，汤色碧绿清澈。西湖龙井、碧螺春是绿茶中的极品。

**白茶**

　　白茶在加工的时候不炒不揉，茶叶披满白毛而呈现出白色。白茶名品有白毫银针、白牡丹、寿眉茶等。

**青茶**

　　青茶，又称乌龙茶，制作工艺介于红茶与绿茶之间。乌龙茶中的名品有大红袍、水仙、肉桂、安溪铁观音和台湾冻顶乌龙。

**黄茶**

　　黄茶特点是黄叶黄汤、滋味甜醇，代表名品有君山银针、蒙顶黄芽、远安黄茶等。

## 红茶

　　红茶因冲泡后的茶汤和叶底色呈红色而得名，主要品种有正山小种、金骏眉、祁门红茶等。

## 黑茶

　　黑茶味道浓郁醇厚，主要有云南普洱熟茶、四川边茶、广西六堡茶等品类。

　　除了以上品类，还有再加工的茶，比如花茶，是用植物的花、叶或果实泡制而成，常见的品种有茉莉花茶、菊花茶、玫瑰花茶等。

# 小贴士

❶喝茶有利于身体健康，但是不同的茶养不同的人。比如，肠胃不好的人，不宜喝绿茶，可以换成红茶和花茶；青茶和黑茶有降血脂的效果；绿茶醒脑，适合忙碌的上班族。

❷奶茶是在茶中加入了牛奶、糖、盐等熬制而成，常见的有草原奶茶、珍珠奶茶、红豆奶茶等。不过，市面上有些奶茶里并没有茶，只是奶精冲兑的饮料，含糖量惊人，尽量少喝。

❸小朋友的肠胃还没发育好，而且喝茶会影响睡眠，所以不建议多喝，可以尝尝水果茶。

# 北京烤鸭

传统文化圆桌派◎主编

史小杏◎著　凤雏插画◎绘

我家住在北京一条幽静的胡同里，祖祖辈辈都在鸭班儿学艺。我爷爷的爷爷的爷爷……的爷爷是烤鸭师傅，我爷爷也是烤鸭师傅。

对了，我叫胖丫，这名字是爷爷取的。他每天跟鸭子打交道，就给我取了这么个名字。我喜欢这个名字，也喜欢听我爷爷讲鸭班儿的故事。

我爷爷在讲故事之前，总要先喝一大口茶水润润嗓子。

他告诉我："烤鸭的历史非常悠久，南北朝的时候有'炙鸭'，元朝的时候有'叉烧鸭'，炙和叉烧都是烤的意思。说到北京烤鸭，要从明朝开国皇帝朱元璋说起，因为他爱吃鸭子，宫里的御厨就挖空心思研究不同的做法，制作出南京烤鸭……"

## 吃月饼，杀鸭子

元朝末年，朱元璋准备在中秋夜起义。不料，有人走漏了消息。百姓们用"吃月饼，杀鸭子"来做掩护，帮助起义军度过了危机。为了纪念鸭子的功劳，朱元璋当上皇帝后，规定中秋节不仅要吃月饼，还要吃鸭子。

朱元璋

朱棣

我好奇地问："南京烤鸭和北京烤鸭有什么关系呢？"

我奶奶说："傻丫头，明朝初期的都城在南京啊，后来朱元璋的儿子朱棣当上皇帝，把都城从南京迁到北京，把烤鸭也从南京带到北京，这才有了北京烤鸭。"

老北京有个说法：七八九，不吃鸭。这是因为夏天的鸭子太瘦，烤出来不脆。临近夏天的尾巴，几位老街坊都想来只烤鸭打牙祭，三天两头找我爷爷下棋。爷爷是胡同里有名的臭棋篓子，平时根本没人愿意和他玩。

这会儿，爷爷不慌也不忙，说："快了快了，入秋后挑一个大晴天，我请客！"

我听了，使劲咽了咽口水，把肚子里的馋虫压了回去。

今天有两件高兴事儿：一是我爷爷请大家吃烤鸭，二是我爷爷同意我进后厨参观啦！一大早，前堂静悄悄的。而在后厨，这一天的重头戏已经开始了。

以质量求生存

銀鈎常掛百味鮮

　　爷爷他们每天早上第一件事，就是拜祖师爷。鸭班儿公认的祖师爷是"孙小辫"，孙师傅是北京早年的民间烤鸭师傅，听说他还给皇帝烤过鸭子呢。

　　我摸摸头上的两个羊角辫，心想：孙小辫，好奇怪的名字。

德味全

金爐不滅千年火

銀鈎常掛□

我正想得出神，爷爷已经开始点火了。这烤炉里的火着了一百年：前一天晚上营业结束后，鸭班儿师傅把烤炉里的炭灰集中到一起，用一个炉盖盖上，早上把炉盖一打开，木炭就引着了，然后再添上新劈柴——寻常劈柴可不行，要用枣木、梨木等果木，这样烤出来的鸭子有果香味。

除了我爷爷，鸭班儿的其他师傅也在忙活着：

**1. 制胚：** 先切掉鸭掌，然后用吹针把皮肉相连的地方吹鼓起来。

**2. 烫皮：** 左手提鸭钩，右手舀起一瓢沸水，浇在鸭胚上。

**3. 打糖：** 把蜂蜜或白糖与水按照1∶7的比例稀释，浇在鸭胚上。

**4. 晾皮：** 将鸭胚挂在阴凉、干燥、通风处晾晒。

**5. 灌水：** 用秸秆插入鸭胚的肛门，然后向鸭膛里灌水。

**6. 入炉：** 把鸭胚送进挂炉。

中午饭点时，老街坊们陆续来了，堂食等座的客人也越来越多。大多数人和我一样，不甘心就这么干坐着，而是好奇地围着烤鸭间观望。

在烤鸭间里，我爷爷将一只又一只鸭子接连不断地送进了烤炉。虽然叫烤鸭，可是火并没有直接烤到鸭子，火苗只是在烤炉门口发挥着热量。

北京烤鸭有两大门派——挂炉烤鸭和焖炉烤鸭，如今的代表分别是全聚德和便宜坊。

银钩常挂百味鲜

这是挂炉烤鸭。

2008年，全聚德挂炉烤鸭技艺、便宜坊焖炉烤鸭技艺入选第二批国家级非物质文化遗产名录。

这是
焖炉烤鸭。

又烤焦了！
呜呜呜……

这两种烤鸭区分起来很简单：挂炉烤鸭开着炉门；焖炉烤鸭关着炉门。

挂炉烤鸭必须得盯炉，才盯了一会儿，我爷爷的额头就冒出一层汗珠，帽子边儿都湿透了；焖炉烤鸭因为看不到鸭子，全靠师傅根据经验把握火候。

真好吃

119

一只鸭子要烤上一炷香的工夫，盯炉的时候一定要眼明手快。对于鸭班儿师傅来说，烤一只鸭子不是什么难事，把一炉鸭子甚至是两三炉鸭子给烤明白，可就不那么容易了。

一炉能烤18只鸭子，两炉能烤多少只？三炉又能烤多少只？二八一十六，三八二十四……啊，太难了！我算不出来……反正就是有很多很多只。

烤鸭的美味自不必说，"庖丁解鸭"的过程更是令人大饱眼福。

真香！

122

　　烤鸭出炉，由厨师推着小车送过来，用薄薄的刀刃将鸭肉片成一片一片的。我爷爷能在几分钟内将一只烤鸭片出百余片，你爷爷行吗？

庖丁解鸭

　　化用成语"庖丁解牛"。"庖"是厨师，厨师因为熟悉牛的身体结构，很轻松地就能把牛肉分割好。这个成语常常用来比喻某人经过反复实践，掌握了事物的客观规律，做事得心应手。

吃烤鸭也大有学问：胸口那块皮又酥又脆，适合蘸白糖，吃到嘴里就像棉花糖一样，眨眼就化了；鸭脯上的肉最肥嫩，爷爷把它片成柳叶形状，叫片条，专门卷饼吃；鸭腿上的肉有嚼头，爷爷把它片成杏叶的形状，叫片片……几片鸭肉，几根黄瓜条和葱丝，抹点酱，再用荷叶饼这么一卷——别提多有滋味！

烤鸭全身是宝。不仅鸭肉色味俱佳，鸭架也可以做成鲜美的鸭架汤，还可以做成香酥鸭架。

正宗的北京烤鸭要用专门的"北京填鸭"做原材料。早先，玉泉山一带是专门给皇帝养鸭子的地方，这些鸭子从小吃的是鱼虾水草，喝的是山泉水，烤出来能不好吃吗！

# 五花八门的鸭子美食

早在三千多年前，鸭子就被我国古代先民驯化为家禽，成为餐桌上的美味佳肴。除了北京烤鸭，全国各地都有吃鸭的习俗，主要分为熏烤派和炖煮派。

## 烤鸭档案

一只优秀的北京烤鸭具有以下特点：

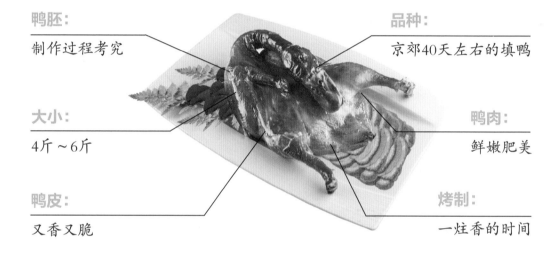

**鸭胚：**
制作过程考究

**品种：**
京郊40天左右的填鸭

**大小：**
4斤~6斤

**鸭肉：**
鲜嫩肥美

**鸭皮：**
又香又脆

**烤制：**
一炷香的时间

## 烤鸭标准吃法

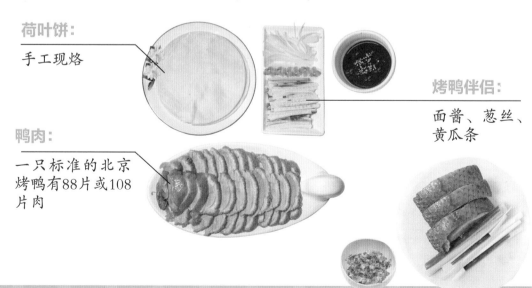

**荷叶饼：**
手工现烙

**烤鸭伴侣：**
面酱、葱丝、黄瓜条

**鸭肉：**
一只标准的北京烤鸭有88片或108片肉

熏烤派的代表有：北京烤鸭、福建樟茶鸭、广东烧鸭等。

炖煮派的代表有：四川太白鸭、山东神仙鸭和浙江老鸭煲等。

除了这些隆重的鸭子菜肴，更家常的是鸭子做成的卤味。

### 鸭血粉丝汤

南京传统美食，由鸭血、鸭肠、鸭肝等加入鸭汤和粉丝烹煮而成。

鸭子全身是宝，每一处都可以做成卤味。

### 南京盐水鸭

也叫桂花鸭。每年八月桂花盛开时的鸭子最为肥美，用来做盐水鸭最好吃，入口隐隐透着桂花清香。

# 小贴士

❶烤鸭比较油腻，适合卷在荷叶饼里或夹在空心烧饼里吃，还可以根据个人口味加上其他佐料，如葱段、甜面酱、蒜泥等。

❷俗话说一分钱一分货，烤鸭也是如此。选购烤鸭时一定要注意不能贪图廉价，注意进货渠道是否安全可靠。

❸如果你是一个人去烤鸭店，可以点半只烤鸭。半只烤鸭并不是把一只鸭子分成两半烤，烤鸭店会让你和其他顾客分享一只烤熟的鸭子。

❹吃烤鸭时，剩下的鸭架怎么处理？可以让饭店加工成鸭架汤或香酥鸭架，也可以打包带回家。

# 中华传统美食文化档案

## 《饺子》
代表人物：张仲景
起源：东汉末年
寓意：招财进宝、辞旧迎新、吉祥如意

## 《月饼》
代表人物：嫦娥
起源：远古传说
寓意：阖家团圆

## 《北京烤鸭》
代表人物：朱棣
起源：明朝
寓意：红红火火、富贵盈门

## 《粽子》
代表人物：无名氏。
起源：春秋时期
寓意：纪念屈原、平安吉祥

## 《面条》
代表人物：周文王姬昌
起源：4000 年前
寓意：福气绵长、长命百岁

## 《火锅》
代表人物：魏文帝
起源：三国时期
寓意：红红火火、团团圆圆

## 《茶》
代表人物：神农氏
起源：远古传说
寓意：健康、长寿

## 《元宵·汤圆》
代表人物：元宵姑娘
起源：西汉
寓意：团团圆圆、和睦幸福

## 《馒头·包子》
代表人物：诸葛亮
起源：三国时期
寓意：蒸蒸日上

## 《豆腐》
代表人物：刘安
起源：西汉
寓意：招财纳福、生活富裕